Bruno Yote

Mauern, Zäune, Tore: Sozialräumliche Exklusion am Beispiel von gated communities in Russland (Moskau)

GRIN Verlag

Bibliografische Information der Deutschen Nationalbibliothek:

Die Deutsche Bibliothek verzeichnet diese Publikation in der Deutschen National-
bibliografie; detaillierte bibliografische Daten sind im Internet über http://dnb.d-
nb.de/ abrufbar.

Impressum:

Copyright © 2008 GRIN Verlag GmbH
Druck und Bindung: Books on Demand GmbH, Norderstedt Germany
ISBN: 978-3-656-02934-2

Dieses Buch bei GRIN:

http://www.grin.com/de/e-book/180345/mauern-zaeune-tore-sozialraeumliche-
exklusion-am-beispiel-von-gated

GRIN - Your knowledge has value

Der GRIN Verlag publiziert seit 1998 wissenschaftliche Arbeiten von Studenten, Hochschullehrern und anderen Akademikern als eBook und gedrucktes Buch. Die Verlagswebsite www.grin.com ist die ideale Plattform zur Veröffentlichung von Hausarbeiten, Abschlussarbeiten, wissenschaftlichen Aufsätzen, Dissertationen und Fachbüchern.

Besuchen Sie uns im Internet:

http://www.grin.com/

http://www.facebook.com/grincom

http://www.twitter.com/grin_com

Universität zu Köln

Wirtschafts- und Sozialwissenschaftliche Fakultät

Wirtschafts- und Sozialgeographisches Institut

Bruno Yote (2008):

Mauern, Zäune, Tore: Sozialräumliche Exklusion am Beispiel von *gated communities* in Russland (Moskau)

Inhaltsverzeichnis

Abbildungsverzeichnis

1. Einleitung

Die heutigen Konzepte von "Öffentlichkeit" und "Privatsphäre" sind Produkte der westeuropäischen Gesellschaftsentwicklung. Das Interesse des sich herausbildenden Bürgertums war es, sein Privateigentum zu schützen und über dessen Verwertung mitentscheiden zu können. Der öffentliche Raum bot hierzu eine Plattform der Kommunikation und Meinungsbildung, des Austausches zwischen staatlichem und privatem Interesse und einen gewissen Grad an Autonomie gegenüber dem Staat; somit wurde es dem Bürger ermöglicht aus seiner Privatsphäre herauszutreten. Ab dem 20. Jahrhundert wurde das bürgerliche Konzept von Öffentlichkeit allmählich von einem demokratischen Pluralismus mit privater Marktwirtschaft abgelöst. Der Begriff der "Öffentlichkeit" ist demnach eng mit gesellschaftlichen, politischen und sozialen Entwicklungen verbunden.[1]

Seit Beginn des Transformationsprozess in Russland in den 1980er Jahren, dem damit verbundenem Zerfall der Sowjetunion 1991, den ersten marktwirtschaftlichen Reformen, der Entwicklung eines pluralistischen politischen Systems und der beginnenden Demokratisierung der Gesellschaft scheint sich die Wahrnehmung vom Öffentlichkeitsbegriff und dem damit verbundenen Konzept des „öffentlichen Raums" in Russland zu verändern.[2]

Die Transformationsprozesse im postsowjetischen Russland schufen eine neue soziale Ordnung und führten zur Modifizierung alter Werte. Neue kulturelle Werte und soziale Prinzipien können aber nicht völlig neu erfunden werden, sondern orientieren sich an bekannten, erlernten Mustern. Räumliche und soziale Ordnungsmuster beeinflussen sich gegenseitig und sind Voraussetzung für das "soziale Lernen". Die Untersuchung des Phänomens *gated communities* in Russland muss daher sowohl die sozio-ökonomischen Veränderungen, als auch die historischen und kulturellen Bedingungen, die ihre schnelle Verbreitung und Akzeptanz begünstigten, betrachten.[3]

Diese Arbeit wird sich daher auf die oben beschriebenen Veränderungen während des russischen Transformationsprozess' konzentrieren. Besonderes Augenmerk gilt der Entwicklung des Wohnsektors, wobei der Bereich des sogenannten bewachten Wohnens im Hinblick auf die These untersucht werden soll, dass die Verbreitung russischer GCs mit der Abnahme gemeinwohlorientierter

---

[1] Vgl. Glasze (2002), S. 15 ff; Lentz & Lindner (2003), S. 50 f.; Oswald & Voronkov (2003), S. 39 & 42.
[2] Vgl. Brade (2002), S. 12; Schröder (2003), S 14 ff.
[3] Vgl. Brade (2002), S. 15; Lentz (2006), S. 209. Im Folgenden wird *gated community* mit ‚GC' abgekürzt.

3

Steuerungsmöglichkeiten der Stadtentwicklung beim Übergang von der sozialistischen in die kapitalistische Marktwirtschaft zusammenhängt.

2. Theoretische Annäherung an den sowjetischen Öffentlichkeitsbegriff

Nimmt man sich obige Konzeptionen von Öffentlichkeit bei der Betrachtung der sowjetischen Gesellschaft zur Grundlage, stellt man fest, dass es eine Öffentlichkeit in diesem Sinne nicht geben konnte: es gab weder Privateigentum, noch war der Staat bürgerlich oder plural strukturiert. Der öffentliche Raum erfüllte in der Sowjetunion zwei Funktionen: er diente auf politischer Ebene der Manifestation des Politischen und der Herstellung einer Identität zwischen Machthabern und Volk mittels Kundgebungen und Paraden. Darüber hinaus wurde er als Mittel zur Kontrolle der Gesellschaft und der Repression benutzt. *Oswald & Voronkov* (2003) unterscheiden daher zwischen einer "offiziell-öffentlichen Sphäre" (Repräsentation) und einer "privat-öffentlichen Sphäre" (Kontrolle). Charakteristika letzterer war es, dass sie weder öffentlich noch privat im eigentlichen Sinne war, sondern durch den Übergang der offiziellen staatlichen Kontrolle in den Privatbereich gekennzeichnet war.[4]

Abb. 1: Darstellung der Entwicklung der öffentlichen und privaten Sphäre in der Sowjetunion

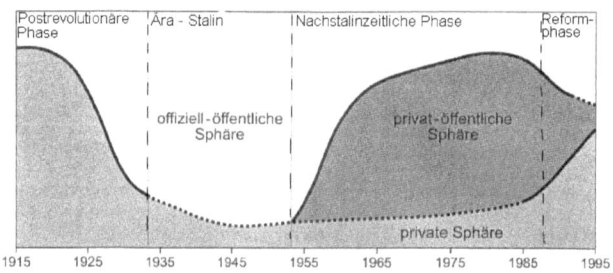

Quelle: Oswald & Voronkov (2003), S. 48, (modifiziert).

2.1 Räumliche Einordnung: Öffentlichkeit und Wohnraum in der Sowjetunion

Während der Wohnbereich im bürgerlichen Verständnis zur Privatsphäre gehört und damit vor Fremdeinwirkungen zu schützen ist, drang in der Sowjetunion die offizielle Sphäre, d.h. der Staat, tief in dessen Gestaltungsmöglichkeiten ein. Die Privatsphäre widersprach der Ideologie des kollektiven Lebens und war somit nicht schützenswert.

---

[4] Vgl. Lentz & Lindner (2003), S. 51.; Oswald & Voronkov (2003), S. 47 ff. & 57.

Die Wechselwirkungen zwischen dem Wohnbereich einerseits und den Öffentlichkeitssphären andererseits waren geprägt von der Politik der jeweiligen Machthaber, dem jeweiligen Selbstverständnis der Bürger, sowie materiell-technologischen Veränderungen, so dass sie bestimmten Schwankungen unterlagen.[5] Es lassen sich drei Phasen unterscheiden, die diese Entwicklungen widerspiegeln:

Die erste Phase erstreckte sich von 1917 bis zur Mitte der 1930er Jahre und war gekennzeichnet durch Wohnungsenteignungen und Umverteilungen von Wohnraum. Diese Politik war Folge der postrevolutionären Landflucht der Bürger in die großen Städte. Genossenschaften waren die Hauptakteure in diesem Prozess: Neben der effektiven Wohngestaltung lag ihre Aufgabe darin, die staatliche Ideologie in die Privatsphäre des Wohnens zu tragen. Später eignete sich der Staat diese Aufgaben schrittweise selbst an, was bis 1937 in der völligen Verstaatlichung des Wohnungssektors mündete.[6]

Das Instrument der Stadtplanung diente dem Staat zur Aufhebung sozialer Unterschiede und Segregationstendenzen. Die aus der Not geborene Übergabe von Wohnraum der oberen Klassen an Besitzlose und die Schaffung von Gemeinschaftswohnungen (*Kommunalki*), als Sinnbild des egalitären Wohnens, ließ sich ideologisch gut rechtfertigen.[7]

In den *Kommunalki* wurden Generationen von Sowjetbürgern, unter Bedingungen kaum vorhandener Privatsphäre und ständiger Kontrolle, sozialisiert. Das Soziale, als "Vergesellschaftung des Privaten", wurde daher von vielen Bürgern als etwas Negatives assoziiert.[8]

Unter Stalin (1924 - 1953) erreichte der Prozess der Entindividualisierung seinen Höhepunkt: Repression, Denunziation und Bespitzelung drangen nun bis hinein in die Wohnungsflure, Küchen und Bäder. Freie Persönlichkeitsentfaltung und das potentielle Interesse zu gesellschaftlicher Mitgestaltung wurden so bereits im Keim erstickt.[9]

In den drei nachstalinzeitlichen Jahrzehnten nahm die staatlich-offizielle Kontrolle wieder sukzessive ab; die Liberalisierungstendenzen wurden im

---

[5] Vgl. Lentz & Lindner (2003), S. 51; Oswald & Voronkov (2003), S. 47 f.

[6] Vgl. Lentz & Lindner (2003), S. 51 f; Rudolph & Lentz (1999), S. 27 f.

[7] In den *Kommunalki* teilten sich mehrere Haushalte Küche und Sanitäreinrichtungen. Die Autoren heben hervor, dass "nicht nur Unterschichtbevölkerung in solchen Verhältnissen lebte": Lentz & Lindner (2003), S. 51 f; Vgl. Rudolph & Lentz (1999), S. 27 f.; Wendina & Brade (1996), S. 17.

[8] Noch 1995 betrug der Anteil der *Kommunalki* in Moskau 10-12 % des Gesamt-Wohnungsbestands, im Stadtzentrum lag er gar bei 45 %: Vgl. Wendina & Brade (1996), S. 17; Rudolph & Lentz (1999), S. 28; Oswald & Voronkov (2003), S. 47.

[9] Vgl. Lentz & Lindner (2003), S. 52.; Schröder (2003), S. 12 f.

Wohnungssektor durch den beginnenden Massenwohnungsbau seit Mitte der 1950er Jahre sichtbar. Dieser schuf für Hunderttausende von Städtern die Voraussetzungen für einen eigenen Wohnbereich außerhalb der *Kommunalka*. Zwar hatte der Staat weiterhin das Primat der Macht inne, dennoch war seine Kontrollmöglichkeit begrenzt. Die Rückzugsmöglichkeit in die Privatheit erlaubte den Einbezug Gleichgesinnter in einen Raum des Meinungsaustauschs, der weder der Ideologie der Machthaber ausgesetzt war noch der Auseinandersetzung mit sich selbst. Die "Küche der *Intelligenzija*", als Sinnbild einer Privatsphäre, avancierte zum Ort einer neuen privaten Öffentlichkeit.[10]

Der privat-öffentliche Raum zeichnete sich dadurch aus, dass er auf einem Vertrauensverhältnis der jeweiligen Nutzer basierte, die sich in "getarnten" Gesellschaften (z.B. Literaturzirkeln) zusammenfanden und sich kritisch mit politisch-sozialen Themen auseinander setzten. Dieser Bereich war weder öffentlich noch privat im eigentlichen Sinne, da bereits außerhalb der eigenen Wohnung die offiziell-öffentliche Sphäre begann, die theoretisch immer wieder in die Privatsphäre eindringen konnte. Bereits für das unmittelbare Wohnumfeld fehlten daher Anreize zu ziviler Mitgestaltung, so dass Gleichgültigkeit und Vandalismus um sich griffen, soweit bezahlte Hausmeister dies nicht verhinderten.[11]

Der ständige Spagat zwischen offiziellen Verhaltensvorschriften und informellen Alltagsnormen führte einerseits zur "sozialen Schizophrenie des *homo sovieticus*", der stets darum bedacht sein musste das für die jeweilige Sphäre korrekte Handeln an den Tag zu legen. Andererseits bewirkte er eine Depolitisierung, besser: "ein sich Entziehen von den allumfassenden Ansprüchen des Staates" von breiten Bevölkerungsschichten; dadurch erhielt der Begriff der Depolitisierung im gesellschaftlichen Verständnis eine befreiende und positive Implikation.[12]

Da es weiterhin das erklärte Ziel der Politik war soziale Unterschiede aufzulösen, blieben durch die staatlich gelenkte Wohnungsvergabe die Stadtviertel weitestgehend sozial heterogen. Dennoch gab es vor allem in Moskau, dem administrativen Zentrum der Sowjetunion, einen gewissen Grad an sozialräumlicher Differenzierung. Dieser zeigte sich in der teilweisen Absonderung der Machthaber (Nomenklatura) in eigenen Wohnkomplexen, die meist in Zentrumsnähe oder westlich des Kremls lagen und sich durch ihre sehr gute Bausubstanz, die repräsentative Lage

---

[10] Vgl. Lentz & Lindner (2003), S. 52; Oswald & Voronkov (2003), S. 49.
[11] Vgl. Lentz & Lindner (2003), S. 51 f.; Oswald & Voronkov (2003), S. 47 ff. & 57.
[12] Vgl. Oswald & Voronkov (2003), S. 46 & 52.

und z.T. durch eigene Infrastruktur auszeichneten.[13]

2.2 (Wohn-) Raum und Öffentlichkeit in der Transformationsphase

Die seit 1987 unter Gorbatschow durchgeführten Reformen (*Glasnost, Perestroika*) führten zu einer Liberalisierung von Politik, Wirtschaft und öffentlichem Diskurs. Die Transformation der Märkte und deren Öffnung für privates Kapital, die Einführung einer pluralen Demokratie und neuer Foren der Meinungsbildung brachten eine fundamentale Neuordnung der öffentlichen und privaten Sphäre mit sich: Symbole staatlicher Macht verschwanden und an ihre Stelle traten Orte der Allgemeinheit (Parks, Einkaufszentren). Außerdem wurde Systemkritik nun geduldet, so dass die Grenzen zwischen offiziell-öffentlich und privat-öffentlich immer unschärfer wurden.[14]

Die politische und wirtschaftliche Transformation hatte somit auch weitreichende Auswirkungen auf die sowjetischen Gesellschafts- und Sozialstrukturen. Hervorzuheben ist in diesem Prozess die Abnahme sozialer Netze durch Differenzierung und Individualisierung, sowie die rasche Polarisierung der Gesellschaft in Gewinner (die sogenannten "Neuen Russen") und Verlierer der marktwirtschaftlichen Reformen. Diese neue Ordnung ersetzte zugleich das einstige sowjetische Prinzip sozialer Gleichheit und schuf die Voraussetzungen für die Separierung nach Einkommen und Besitz.[15]

Die Neuen Russen, sowie die etwas zeitversetzt aufkommende neue Mittelklasse, die jeweils etwa 5 % bzw. 20 % der Moskauer Bevölkerung ausmachten, hegten das Bedürfnis ihren neuen Wohlstand öffentlich zu demonstrieren und sich bezüglich ihres sozialen Status von den anderen Schichten abzugrenzen – insbesondere über die Wahl des Wohnorts.[16]

3. Der Wohnungsmarkt in der Transformationsphase

Nach der Schaffung der ordnungspolitischen und rechtlichen Voraussetzungen bildete sich Anfang der 1990er Jahre ein Immobilienmarkt heraus, der es den Menschen

---

[13] Vgl. Rudolph & Lentz (1999), S. 27, 29; Lentz (2006), S. 218.
[14] Vgl. Lentz & Lindner (2003), S. 52 - 55.
[15] Vgl. Rudolph & Lentz (1999), S. 29, 31; Rudolph (2002a), S. 204 f.; Rudolph (2002b), S. 237; Glasze (2003), S. 6. Vgl zu "Neue Russen" Rudolph & Lentz (1999), S. 28 und in dieser Arbeit S. 7, Fußnote "19".
[16] Vgl. Rudolph (2002b), S. 237.

erstmals ermöglichte, den Wohnsitz nach eigenen Präferenzen zu wählen. Den gestiegenen Ansprüchen der neuen Elite wurde der sozialistisch geprägte Wohnungsbestand nicht mehr gerecht. Da die Städte nach dem Zusammenbruch der Sowjetunion jedoch chronisch überbelastet waren, übertrugen sie die Erschließung neuer Infrastruktur und die Sanierung alter Gebäude häufig privaten, ausländischen Investoren. Diese richteten die Gebäude nach westlichen Standards her und gaben die entstandenen Kosten z.T. an die Interessenten weiter, in solchen Fällen wurde ihnen im Gegenzug exklusives Nutzungsrecht eingeräumt.[17]

Mit dem Wegfall der administrativen Steuerung der Wohnungsvergabe und dem Einsetzen angebots- und nachfrageorientierter Preismechanismen begann sich der Wohnungsbestand nach Preisen zu differenzieren. In Moskau befanden sich 1999 fast 44 % der Wohnungen in privatem Eigentum, d.h. die Nutzungsrechte konnten frei ge- und verkauft werden. Der Wohnungsbau entwickelte sich in den 1990er Jahren zum stabilisierenden Element der Transformationsökonomie, wobei das Wohnungspreisniveau in den ersten Boom-Jahren großen Schwankungen ausgesetzt war (Abb. 3). Neben den Auswirkungen der hohen Nachfrage ausländischer Interessenten auf die Mietpreisentwicklung wurde die Nachfragestruktur auf dem privaten Wohnungsmarkt insbesondere durch die kleine Gruppe Neuer Russen geprägt und überstieg die Angebotsseite. Daher lag das Preisniveau deutlich über dem durchschnittlichen Einkommen eines Großteils der Bevölkerung.[18]

---

[17] Vgl. Wendina & Brade (1996), S. 17 f.; Lentz & Lindner (2003), S. 53 f; Glasze (2003), S. 4 f.
[18] 1997 machte das unterste Einkommensfünftel 57 % der Bevölkerung aus, das oberste Einkommensfünftel 5,7 %: Vgl. Rudolph & Lentz (1999), S. 35; Für eine Zweizimmerwohnung hätte der durchschnittliche Bürger 30 - 40 Jahreseinkommen aufbringen müssen: Vgl. Wendina & Brade (1996), S. 18.

Abb. 2: Wohnpreise 1999 (räumlich differenziert)   Abb. 3: Wohnungspreisentwicklung

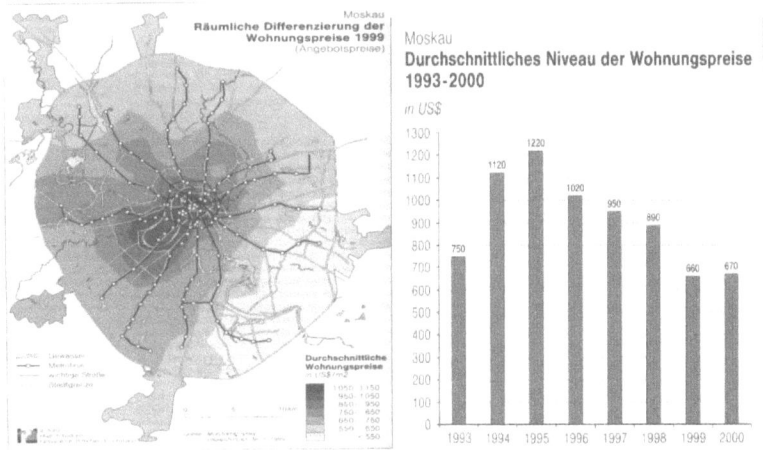

Quelle: Rudolph (2002b), S. 238 (Abb. 3) und S. 239 (Abb. 2).

Aus der Synthese sinkenden staatlichen Einflusses und neu verfügbaren, privaten Kapitals entwickelte sich das Marktsegment des sogenannten elitären Wohnens.[19]

Die neuen elitären Wohnungen entstanden vor allem durch die Sanierung ehemaliger, zentral gelegener *Kommunalki* und den Neubau von Apartmenthäusern. Im Zuge dieser Aufwertungsprozesse wurden für die ehemaligen Bewohner kleine Eigentumswohnungen am Stadtrand gekauft oder "durch aufwendige Ringtauschaktionen entsprechender Wohnraum geschaffen."[20] Allerdings konnte den Bewohnern privatisierter Gebäude das Nutzungsrecht an ihren Wohnungen auch gegen relativ geringe Kosten überlassen werden, was einer schnellen sozialen Entmischung der Wohnviertel entgegen wirkte.[21]

Die Präferenzen der Kundschaft richteten sich sowohl nach der baulichen Substanz, als auch nach der räumlichen Lage, wobei eine zentrale Lage hohes Prestige genoß. Aber auch der Westen und Südwesten traten durch hochpreisige Zonen hervor (Abb. 2). Ausschlaggebende Faktoren waren in diesen Gebieten insbesondere die relativ

---

[19] Der von russischen Immobilienmaklern geprägte Begriff des „elitäres Wohnens" knüpft einerseits an das Wohnen von Eliten in der sowjetischen Zeit an, andererseits bezieht er sich auf eine Kundschaft, „die ihre Statuszuordnung in der Regel aus dem wirtschaftlichen Erfolg unter den neuen marktwirtschaftlichen Bedingungen ableitet [Neue Russen]": Rudolph & Lentz (1999), S. 28.
[20] Wendina & Brade (1996), S. 18.
[21] Vgl. Wendina & Brade (1996), S. 17 f; Rudolph (2002b), S. 240 f.

guten Umweltbedingungen, der hohe Grünanteil und das "günstige soziale Umfeld."[22] Auch in der Peripherie, besonders im ökologisch unbelasteten Westen, entstanden seit Beginn der 1990er Jahre neue Siedlungen des elitären Wohnens. Dabei handelte es sich meist um umzäunte, bewachte Wohnkomplexe bzw. *gated communities*.[23]

Diese Wohneinheiten stellten in Anbetracht der sowjetischen Nomenklatura-Komplexe zwar kein gänzlich neues Phänomen dar (vgl. 2.1, S. 4 ff.), jedoch sind sie im Hinblick auf die Transformations- und sozialen Umschichtungsprozesse neu zu bewerten.

4. *Gated communities* als Sonderfall des "elitären Wohnens"

Ein besonderes Merkmal des elitären Wohnens ist, dass das Klientel dieses Sektors ausschließlich von privaten Investoren bedient wird. Das in diesem Zusammenhang bereits beschriebene Prinzip des Kostentransfers an die Kundschaft für die Erschließung von Infrastruktur und Bebauung, kommt hierbei besonders zum Tragen. Dies hängt damit zusammen, dass für die komplette Neuerschließung von Baugebiet nur größere Einheiten in Frage kommen, bei denen der vorab geleistete Kostenaufwand dementsprechend hoch ausfällt. Der zahlungskräftigen Kundschaft wird im Gegenzug ein exklusives Nutzungsrecht der bebauten Anlagen versprochen, die neben Zugangsbeschränkungen auch in den Bereichen Sicherheit und Infrastruktur höchsten Standards entsprechen.[24]

Lentz (2006) führt aus, dass im privaten Wohnungssektor der großen Städte, besonders in Moskau und St. Petersburg, ein allgemeiner Trend hin zum bewachten Wohnen zu beobachten ist. Die Spannweite der Gebäudeanlagen variiert in diesem Sektor zwischen der Bauart (einfache Apartments, Wohnanlagen für Familien, bis hin zu ganzen Wohnbezirken), sowie dem "Grad ihrer Zugänglichkeit."[25]

Die folgenden Beispiele dienen der Veranschaulichung der Bandbreite Moskauer GCs.

---

[22] Vgl. Wendina & Brade (1996), S. 18; Rudolph & Lentz (1999), S. 33; Rudolph (2002b), S. 239 ff.
[23] Vgl. Rudolph (2002b), S. 240.
[24] Vgl. Lentz & Lindner (2003), S. 54 f.; Lentz (2006), S. 212 f.;
[25] Vgl. Lentz (2006), S. 209, 212.

Abb. 4: Räumliche Lage ausgewählter *gated communities* in Moskau

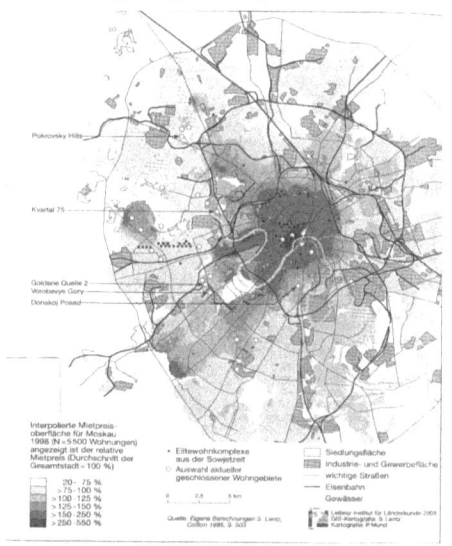

Quelle: Lentz & Lindner (2003), S. 52.

A) *Pokrovsky Hills* (Abb. 4)

Pokrovsky Hills wurde von einem texanischen Immobilienunternehmen (Hines) entwickelt und erbaut. Anfangs wurden die rund 260 Einheiten nur an Ausländer vermietet, da diese von der fremden Umgebung Moskaus häufig stark verunsichert waren. Mittlerweile beträgt der Anteil russischer Bewohner 7 %. Mit Monatsmieten zwischen 8.000 - 11.000 USD nimmt es eine Spitzenposition in Moskau ein.[26]

Auf ihrer Homepage präsentiert sich die Anlage als *"international community almost in the center of Moscow"*, dessen oberstes Anliegen es als „*family community*" sei, die Sicherheit ihrer Bewohner zu gewährleisten.[27] Das Gelände ist komplett umzäunt und wird rund um die Uhr bewacht. Eine anglo-amerikanische Schule und ein eigener Shuttleservice zur nächsten Metrostation tragen dazu bei, Kontakte zur Außenwelt zu minimieren. Als Ersatz dafür sollen gemeinsame Aktivitäten ein Gemeinschaftsgefühl zwischen den Bewohnern erzeugen. Der Erfolg dieser wird vom Management allerdings skeptisch beurteilt. Das weitergehende Angebot an

---

[26] Vgl. Lentz & Lindner (2003), S. 53.; Lentz (2006), S. 209 f.
[27] http://pokrovskyhills.narod.ru/community/community.htm

Dienstleistungen und Infrastruktur ist jedoch eher bescheiden.[28]

B) *Donskoy Posad* (Abb. 4)

Donskoy Posad ist ein Hochhauskomplex im Moskauer Stadtzentrum, in dem "*85 luxury apartment units*" mit Wohnflächen von 200 m² bis 2600 m² untergebracht sind. Es wurde vom gleichen Unternehmen errichtet wie *Pokrovsky Hills*.[29]

Die infrastrukturelle Ausstattung beschränkt sich auf einen Fitness-Raum, eine Autowaschanlage und eine Reinigung. In punkto Sicherheit bietet der Komplex Videoüberwachung, mehrfache, z.t. automatische Zugangskontrollen sowie einen 24 Stunden tätigen Wachdienst. Daher ist der Verweis auf sicheres Wohnen und eine relative Zentrumsnähe das entscheidende Marketingargument der Betreiber.[30]

C) *Vorobyovy Gory ("Sparrow Hills")* (Abb. 4)

Die Gebäude dieses Hochhausviertels eines russisch-britischen Konsortiums haben 26 bis 34 Stockwerke und liegen nach Lentz (2006) in einer *"prestigious location"*: sie grenzen an das *Setun River Valley* Naturreservat und befinden sich in der Nähe der Moskauer Staatsuniversität und der *Mosfilm* Studios. [31]

Die von Zäunen umgebene Hochhaus-Anlage wird rund um die Uhr Videoüberwacht, hinzu kommt weiteres Sicherheits- und Wachpersonal. Darüber hinaus bietet das Infrastrukturangebot vom Kindergarten, über Sportplätze, Shopping-Center, Supermärkte, Fitness- und Gesundheits-Clubs bis hin zur Autowaschanlage, alle Vorzüge einer zentral gelegenen Wohnung.[32]

Vorobyovy Gory kann daher als "Stadt im Kleinen" betrachtet werden, die ihren Bewohnern theoretisch die Möglichkeit bietet, sie nicht mehr verlassen zu müssen.

Trotz struktureller Unterschiede, weisen die Beispiele als gemeinsames Kriterium *exklusiven Zutritt* auf. Dies bedeutet konkret, dass Menschen, die nicht zu den Bewohnern der Anlage oder zu deren sozialem Umfeld gehören, durch diverse Vorkehrungen vom Betreten der Anlagen ferngehalten werden.

---

[28] Lentz & Lindner (2003), S. 53.; Vgl. Lentz (2006), S. 209 f;
http://pokrovskyhills.narod.ru/community/property_management/pm.htm.
[29] http://www.hines.com/property/detail.aspx?id=193
[30] Vgl. Lentz & Lindner (2003), S. 55; Lentz (2006), S. 210.
[31] Vgl. Lentz (2006), S. 211; http://www.donstroy.com/company/news?showfull=84&lang=en.
[32] Vgl. Ebd.

Diese Abgrenzungstendenzen schüren sozialen Neid und - im schlimmsten Fall - Hass auf der einen Seite und bewirken einen immer deutlicheren Verlust des Realitätssinns auf der anderen. Solche und ähnliche Entwicklungen führen dazu, dass die sozialen Differenzen immer größer werden und die vorhandenen sozialräumlichen Ausgrenzungsmechanismen sich verstärken.

4.1 Zum Phänomen der *gated communities* in Moskau: Ursachenforschung

GCs befinden sich oft in Bezirken die schon zu Sowjetzeiten höheres Prestige genossen, da sie die Residenzen der Nomenklatura und anderer verdienter Persönlichkeiten beherbergten (Abb. 4). Schon zu Zeiten der Sowjetunion war eine sozialräumliche Trennung von Entscheidungsträgern und Intellektuellen im südlichen und westlichen Teil Moskaus und eines höheren Arbeiteranteils im Norden und Osten der Stadt zu verzeichnen (Abb. 5).

Eine erste These sieht das Wohnen in GCs daher als Fortführung bekannter Muster des elitären Wohnens der sowjetischen Nomenklatura - jedoch mit neuen Akteuren.[33]

Abb. 5: Berufsstruktur der moskauer Bevölkerung im arbeitsfähigen Alter (1989)

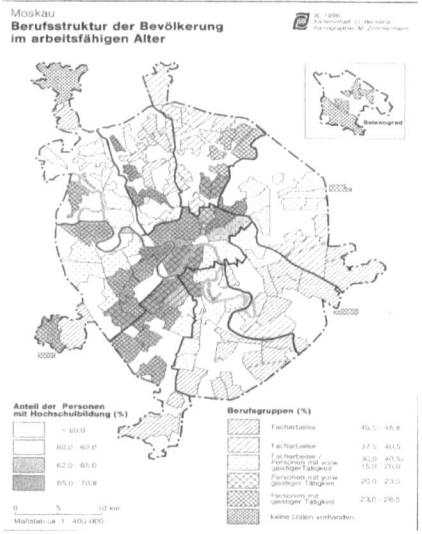

Quelle: Wendina & Brade (1996), S. 28.

---

[33] Vgl. Wendina & Brade (1996), S. 27 f; Rudolph (2002a), S. 211; Lentz (2006), S. 206, 213.

Während zu Sowjetzeiten ein Leben im Zentrum bevorzugt wurde, ging bei denjenigen die es sich leisten konnten, die Tendenz nach 1991 verstärkt in Richtung moskauer Umland. Ursachen hierfür sind die durch die Liberalisierung der Märkte nicht mehr vorhandene Versorgungsabhängigkeit vom Staat, die zur Sowjetzeit im städtischen Zentrum immer gewährleistet war, als auch die geringere Abhängigkeit von öffentlichen Transportmitteln, sowie die weitaus besseren ökologischen Voraussetzungen.[34]

Die hohe Zahl ausländischer Vertreter und Geschäftsmänner in Moskau wird ebenfalls als Erklärungsansatz auf die Frage nach der raschen Entwicklung des bewachten Wohnens in Moskau herangezogen. Allgemeine Unsicherheit, ein ungewohntes Umfeld und das nicht-Vertrautsein mit den gesellschaftlichen Verhaltensmustern werden oft als Begründung für die hohe ausländische Nachfrage im Bereich bewachtes Wohnen angeführt. Die eigene Isolation vor dem Fremden bedeutet jedoch, dass eine Eingewöhnung sich weitaus länger hinzieht oder erst gar nicht statt findet.[35]

Darüber hinaus kann die administrative Schwäche zu Beginn der wirtschaftlichen Transformation, die sich in der Übertragung von Verantwortung an private Investoren äußerte, als Erklärungsansatz für die Verbreitung von GCs in Moskau herangezogen werden (vgl. 3., S. 8 ff.).

Interessant ist auch, dass die meist US-amerikanischen und britischen Investoren angeben, dass in der Entstehungsphase des privaten Wohnsektors wenig über die Vorlieben und Ansprüche russischer Käufer bekannt war, so dass sie auf "bewährte Konzepte" ihrer Heimatländer zurückgriffen.[36]

Die Bewohner von GCs geben als Hauptmotive für die Wahl ihres Wohnorts Sicherheit, Versorgungsinfrastruktur und Gemeinschaft an, wobei dem Faktor Sicherheit eine herausragende Position zukommt.[37]

4.2 Sicherheitskonzepte

Sicherheit ist im Zusammenhang mit GCs ein vieldeutiger Begriff, der sich nicht nur auf den Schutz vor Kriminalität oder den Schutz des Privateigentums bezieht, sondern darüber hinaus sowohl eine funktionierende infrastrukturelle Versorgung (Gas, Wasser,

---

[34] Vgl. Lentz (2006), S. 208 f., 213.
[35] Vgl. Ebd., S. 216.
[36] Vgl. Ebd., S. 215, 217.
[37] Vgl. Lentz & Lindner (2003), S. 55

Elektrizität, etc.), als auch intakte und stabile soziale Werte und Normen mit einbezieht. Sicherheit steht daher symbolhaft für ein Lebensumfeld, "in dem man sich wohl fühlt, weil man mit dessen Funktionsweisen und strukturellen Merkmalen vertraut ist."[38]

Daran anknüpfend wird die Zunahme von GCs mit dem Wegfall routinemäßiger Abläufe und sich auflösender sozialer und familiärer Strukturen während der Transformationsphase erklärt. Demnach wird mit dem Leben in einer GC der Versuch unternommen, das verlorengegangene in einem überschaubaren, in sich strukturiertem Umfeld wieder herzustellen. Gemeinschaftliche Strukturen und gemeinsame Regularien sollen ein Gefühl von Sicherheit und Ordnung vermitteln "*in a lifeworld that has descended into disorder.*"[39]

Der allgemeinen Verunsicherung gegenüber den Auswirkungen der Transformation wird neben der wertebasierten, auch eine materielle Kulisse der Sicherheit entgegengestellt.

In diesem Sinne kann der Faktor Sicherheit um vier Komponenten ergänzt werden:

1.) Sicherheit als klare Eigentums- und Nutzungsverhältnisse im Wohnumfeld:

In den Moskauer Wohngebieten wird der öffentliche Bereich weder geachtet noch geschützt. Darüber hinaus eignen sich die Anwohner die Bereiche oft eigenmächtig und ohne rechtliche Grundlage an, so dass sich die Wohnbedingungen und das Wohnumfeld ständig ändern.

In GCs dagegen sind die Nutzungs- und Gestaltungsrechte von vornherein definiert.[40]

2.) Sicherheit als Transparenz und Rechtssicherheit:

Zwar sind fast alle Moskauer Wohnungen privatisiert, die Privatisierungen beziehen sich jedoch nicht auf die Gebäude selbst, deren Ver- und Entsorgungsinfrastruktur und die Flächen um die Häuser. Jeder Versuch der Mitgestaltung oder Veränderung dieser Bereiche würde unweigerlich in die Konfrontation mit der gefürchteten russischen Bürokratie führen.

GCs bieten dagegen transparente, vertragliche Regelungen und stellen Ansprechpartner, die für deren Einhaltung verantwortlich gemacht werden

---

[38] Ebd. S. 55; Vgl. Lentz (2006), S. 216.; Paal (o.D.), S. 2 f.
[39] Lentz (2006), S. 217; Vgl. Lentz & Lindner (2003), S. 55.
[40] Vgl. Lentz & Lindner (2003), S. 55.

können.[41]

3.) Sicherheit als Vertrautheit des Lebensumfeldes:

GCs versprechen den Bewohnern eine Stadt im Kleinen zu sein. Die physischen und symbolischen Grenzen machen das Wohnumfeld zu einem vertrauten Ort. Die Orte außerhalb dieser Grenzen (z.b. Arbeitsplatz) werden als weitere alltagsrelevante Orte nur noch marginal wahrgenommen. Die Verbindung beider Orte mit einem privaten Pkw "reduziert die Konfrontation mit der 'anderen Stadt' auf ein Minimum."[42]

Dem möchte ich hinzufügen, dass aufgrund des höheren Kostenaufwands beim Erwerb von Wohnraum in einer GC weniger Mobilität bzw. Bereitschaft des Wohnortwechsels unter den Bewohnern besteht, so dass die Voraussetzungen zur Entstehung eines nachbarschaftlich stabilen Umfelds, somit sozialer Stabilität, dementsprechend höher sind. (Dies korreliert in gewisser Weise auch mit dem ersten Sicherheitsfaktor).

4.) Sicherheit als soziale Segregation und Homogenität:

GCs bieten den Bewohnern ein leben unter Menschen, denen der soziale und ökonomische Aufstieg unter den sich verändernden marktwirtschaftlichen Bedingungen gemeinsam ist. Zwar ist die sozialräumliche Exklusion in diesem Sinne kein Garant für die Entstehung einer Gruppenidentität, sie schützt jedoch vor der Begegnung mit den real-gesellschaftlichen sozialen Missständen "da draußen" und "verleiht [daher] dem eigenen Status angesichts der homogenen Umgebung eine beruhigende Legitimität."[43]

Da der allgemeine Trend in der Baubranche hin zum bewachten Wohnen geht, ist nicht genau klar, ob die Exklusivität des Wohnens entscheidend ist oder der Sicherheitsfaktor. Oftmals hat man schlichtweg nicht mehr die Wahl in ein nicht überwachtes Haus zu ziehen, sofern bestimmte wohnliche Standards gewährleistet werden sollen.[44]

---

[41] Vgl. Ebd.
[42] Ebd.
[43] Lentz & Lindner (2003), S. 55; Vgl. Lentz (2006), S. 217; Der Faktor „soziale Homogenität" erhöht die Wohnungspreise zusätzlich um bis zu 30 %: Vgl. Rudolph & Lentz (1999), S. 33.
[44] Vgl. Lentz (2006), S. 215.

4.3 Verbreitung und Akzeptanz der GCs in der russischen Gesellschaft

Im Allgemeinen wird wenig Kritik an der sozialräumlichen Segregation in Russland geäußert. Kulturelle Muster und historische Entwicklungen dienen hier als Ansatzpunkte.

Ein erster häufig erwähnter Erklärungspunkt ist, dass die neuen individuellen Freiheiten, z.b. die der freien Wohnortswahl, von der Mehrheit der Gesellschaft als positiv empfunden werden. Die neuen Werte können - auf dieser gemeinschaftlichen Akzeptanz beruhend - schneller ins gesellschaftliche Leben integriert werden und als Basis neuer Lebens- und Ordnungsmuster herhalten.[45]

Ein anderer Ansatz ist der, dass der Transformationsprozess mit einem Rückgang soziopolitischer Aufmerksamkeit und der Bereitschaft aktiver sozialer Beteiligung einherging und so den Weg für die Herausbildung individuell basierter Werte und einem dementsprechenden Wohnbedürfnis ebnete.[46]

Meiner Meinung nach ist diese These nur teilweise tragfähig, da schon unter den wohnlichen und gesellschaftlichen Gegebenheiten der 1960er und '70er Jahre, unter Berücksichtigung des sowjetischen Öffentlichkeitsbegriffs, politische und soziale Auflösungstendenzen bzw. Gleichgültigkeitserscheinungen vorzufinden waren (vgl. 2.1, S. 4 ff.).

Weiterhin dient die Verbreitung der Nomenklatura-Komplexe als Erklärungsansatz, da diese von ihren baulichen und strukturellen Merkmalen modernen GCs sehr ähnlich waren und als Wohnsitz der sowjetischen Eliten dienten. Diesbezüglich wird argumentiert, dass die heutigen Typen bewachter Wohnkomplexe auf große soziale Akzeptanz treffen, da sie Vorreiter hatten, die elitäres, bewachtes und sozialräumlich getrenntes Wohnen anstelle von egalitären Wohnformen erstrebenswert machten.[47]

Daran anschließend wird die Akzeptanz sozial getrennten und bewachten Wohnens mit dem Einfluss ausländischer Lebensstandards und Werte erklärt. Ausländische Residenten lebten unter den Sowjets in separaten, von der *Militia* bewachten Blocks. Diese kleine Gruppe war materiell besser gestellt und hatte Zugang zu "*a lifestyle and goods not generally available*" für die russische Bevölkerung.[48]

Betrachtet man die heutige Lebensweise der Neuen Russen und der neuen Moskauer

---

[45] Vgl. Ebd., S. 218.
[46] Vgl. Ebd.
[47] Vgl. Ebd.
[48] Ebd., S. 219.

Mittelklasse, die auf den Errungenschaften der marktwirtschaftlichen Reformen basiert, scheinen diese in ihrem Verständnis von Wohnqualität stärker von der Gruppe ausländischer Vertreter geprägt zu sein, die durch ihren Lebensstil westliche Werte vorlebten und Begehrlichkeiten weckten, als durch die der sowjetischen Eliten.

5. Fazit

Die Ergebnisse der vorliegenden Arbeit lassen mich zu dem Schluß kommen, dass die Verbreitung von GCs in Moskau in der Zeit der Transformation auf einer Synthese 1.) tief verankerter, kulturell erlernter Werte und Verhaltensmuster aus der Sowjetzeit - in der die Neuen Russen ihre gesellschaftliche Sozialisierung erfuhren - und 2.) neuer materieller Werte und Bedürfnisse der neuen Elite nach den wirtschaftspolitischen Reformen beruht.

Erstens hat die sozialistische Ideologie der Gleichheit und Schaffung von Gemeinschaft über gemeinsame soziale Werte die Vorstellungen des Wohnens dahingehend geprägt, dass Öffentlichkeit und Privatsphäre auf ihrem ideologischen Höhepunkt nicht mehr auseinanderzuhalten waren. Dieser Prozess führte dazu, dass der einzelne Mensch immer weniger als Individuum angesehen wurde und durch sein Aufgehen im Kollektiv private Ambitionen zur Partizipation und Mitgestaltung der Gesellschaft verlor. Während das Soziale als etwas Erzwungenes negativ empfunden wurde, erhielten Begriffe wie Depolitisierung und Gleichgültigkeit einen positiven, ja befreienden Charakter, da sie ein Minimum an Konfrontation mit der Staatsmacht implizierten. Andererseits wurden die alltäglichen, routinemäßigen Abläufe und die stabilen sozialen Netzwerke als beruhigend angesehen. Die Rede von einer sozialen Schizophrenie des *homo sovieticus* ist daher nicht abwägig. Eine ähnliche Schizophrenie lässt sich heute in den GCs des Moskauer Zentrums und Umlandes beobachten. Die Bewohner dieser *communities* flüchten - drastisch ausgedrückt - vor dem Sozialneid und den sozialgesellschaftlichen Konflikten, die die Transformation hervorbrachte, in abgeriegelte, stereotype und möglichst sozial homogene Wohnkomplexe, um sich dort eine stabile, auf Regeln und Ordnungen basierende "schöne heile Welt" (neu) zu konstruieren. Anders gesagt: Sie flüchten vor der gesellschaftlichen Realität erneut in die soziale, politische und gesellschaftliche Gleichgültigkeit. Welche Auswirkungen diese Formen der sozialen Segregation nehmen können, zeigen beispielsweise die Ausschreitungen in Paris, wo 2005 die Bewohner der räumlich abgelegenen und sozial vernachlässigten Vororte als Zeichen ihres Protests Autos anzündeten und sich Straßenschlachten mit der Polizei lieferten.

Zweitens ist das Aufkommen der GCs mit den wirtschaftlichen Veränderungen nach der Liberalisierung der Märkte in Verbindung zu bringen. Die aufstrebende wirtschaftliche Elite entwickelte schnell neue, materielle Werte und Lebensvorstellungen, die sie sowohl mit den Vorzügen des elitären Wohnens der sowjetischen Eliten verband, als auch mit den Möglichkeiten der westlichen Vorbilder, deren jeweiliger Status insbesondere mit dem Leben in bewachten Wohnkomplexen in Verbindung gebracht wurde. Die neue Elite nahm sich dieses Verständnis von Macht- und Wohlstandsdemonstration über exklusive Wohnbedingungen zum Vorbild. Ein gutes Beispiel hierfür ist allein schon der Begriff „elitäres Wohnen", der eine Brücke zwischen alter sowjetischer und neuer russischer Elite schlägt.

Die Befunde dieser Arbeit bestätigen die Ausgangsthese. Sie muss allerdings ergänzt werden: *Gated communities* sind in Russland vorzufinden, da gemeinwohlorientierte Steuerungsmöglichkeiten der Stadtentwicklung im Zuge der Transformation abnahmen und kulturelle Werte sozialistischer Prägung auf der Basis pluralistisch-marktwirtschaftlicher Voraussetzungen und Möglichkeiten neu definiert wurden.

Abschließend kann festgehalten werden, dass der Verlust einer kritischen Öffentlichkeit die Privatsphäre zum primären Ziel des persönlichen Engagements werden lässt. Die Konzentration auf dieses Ziel hat einen räumlichen und sozialen Rückzug aus der Öffentlichkeit zur Folge und führt gleichzeitig zur Entsolidarisierung der Gesellschaft.

In diesem Sinne wäre es interessant zu erfahren, welche Auswirkungen die Bestrebungen der Eindämmung kritischer Medien seit der Ära Putin auf die sozialräumlichen Exklusionstendenzen und die Verbreitung von *gated communities* in Russland haben.

Literaturverzeichnis

- **Brade, I. (2002)**: Der Wandel russischer Städte in den 1990er Jahren. Einführungen zum Thema. In: I. Brade (Hrsg.): Beiträge zur regionalen Geographie, H. 57. Die Städte Russlands im Wandel. Raumstrukturelle Veränderungen am Ende des 20. Jahrhunderts, S. 12 – 19.
- **Glasze, G. (2002)**: Wohnen hinter Zäunen – bewachte Wohnkomplexe als Herausforderung für die Stadtplanung. Online im Internet unter: http://www.staff.uni-mainz.de/glasze/Publikationen/Jahrbuch_Glasze.pdf [Stand 11.11.08]
- **Glasze, G. (2003)**: Bewachte Wohnkomplexe und „die europäische Stadt" – eine Einführung. Online im Internet unter: http://www.staff.uni-mainz.de/glasze/Publikationen/Editorial%20Geographica%20Helvetica%20Glasze.pdf [Stand 11.11.08]
- **Lentz, S. und Lindner, P. (2003)**: Privatisierung des öffentlichen Raumes. Soziale Segregation und geschlossene Wohnviertel Moskaus. In: Geographische Rundschau, Bd. 55, H. 12, S. 50 – 57.
- **Lentz, S. (2006)**: More gates, less community? Guarded housing in Russia. In: G. Glasze u.a. (Hrsg.): Private Cities. Global and local perspectives, S. 206 – 221.
- **Oswald, I. und Voronkov, V. (2003)**: Licht an, Licht aus! „Öffentlichkeit" in der (post-)sowjetischen Gesellschaft. In: G. Ritterspom u.a. (Hrsg.): Sphären von Öffentlichkeit in Gesellschaften sowjetischen Typs. Zwischen partei-staatlicher Selbstinszenierung und kirchlichen Gegenwelten, S. 37 – 61.
- **Paal, M. (o.D.)**: Leben hinter Mauern – elitäre Wohnformen als neues Konfliktpotential in Großstädten. Online im Internet unter: http://web.uni-marburg.de/isem//WS03_04/docs/leben.pdf [Stand 11.11.08]
- **Rudolph, R. und Lentz, S. (1999)**: Segregationstendenzen in russischen Großstädten: Die Entwicklung elitärer Wohnformen in St. Petersburg und Moskau. In: Europa Regional 7, H. 2, S. 27 – 40.
- **Rudolph, R. (2002a)**: Segregation tendencies in large Russian cities: The development of elitist housing in St. Petersburg. In: I. Brade (Hrsg.): Beiträge zur regionalen Geographie, H. 57. Die Städte Russlands im Wandel. Raumstrukturelle Veränderungen am Ende des 20. Jahrhunderts, S. 204 – 211.
- **Rudolph, R. (2002b)**: Die Moskauer Region zwischen Planung und Profit – Postsowjetische Faktoren und Prozesse der Raumentwicklung. In: I. Brade (Hrsg.): Beiträge zur regionalen Geographie, H. 57. Die Städte Russlands im Wandel. Raumstrukturelle Veränderungen am Ende des 20. Jahrhunderts, S. 224 – 254.
- **Schröder, H.-H. (2003)**: Vom Kiewer Reich bis zum Zerfall der UdSSR. In: Bundeszentrale für politische Bildung (Hrsg.): Informationen zur politischen Bildung Nr. 281/2003, S. 8 – 16.
- **Wendina, O. und Brade, I. (1996)**: Der Immobilienmarkt in Moskau – Grundtendenzen der 90er Jahre. In: Europa Regional 2/96, S. 17 – 28.

Weitere Quellen aus dem Internet

Zu *Pokrovsky Hills:*
Begrüßung / Allgemeines: http://pokrovskyhills.narod.ru/community/community.htm [Stand 23.11.08].

Infrastrukturleistungen und Services:
http://pokrovskyhills.narod.ru/community/property_management/pm.htm [Stand 23.11.08].

Hines (texanisches Bauunternehmen): Angaben zu *Donskoy Posad*:
http://www.hines.com/property/detail.aspx?id=193 [Stand 23.11.08].

DON-Stroy (russisch-britisches Bauunternehmen): Angaben zu *Vorobyovy Gory ("Sparrow Hills")*:
http://www.donstroy.com/company/news?showfull=84&lang=en [Stand 23.11.08].